APPLICATION NOUVELLE

DE

L'AIR COMPRIMÉ

DANS

LES ARMES PORTATIVES

PAR

M. PAUL GIFFARD

INGÉNIEUR CIVIL

Rue de la Pépinière, 18, à Paris.

Juillet 1867.

PARIS
IMPRIMERIE CENTRALE DES CHEMINS DE FER
A. CHAIX ET Cie
RUE BERGÈRE, 20, PRÈS DU BOULEVARD MONTMARTRE.
1867

APPLICATION NOUVELLE

DE

L'AIR COMPRIMÉ

DANS

LES ARMES PORTATIVES.

PRÉFACE.

L'application de l'air comprimé dans les armes portatives est un problème fort ancien dont la première solution remonte vers l'an 1600 ; ce qui a été produit dans ce siècle et dans ceux suivants n'a servi, malgré les louables efforts de ceux qui se sont occupés de cette question, qu'à faire peser un discrédit général et malheureusement mérité sur les armes de ce genre : danger d'explosion, maniement impossible, réparations continuelles, coup silencieux, travail fatigant dans le chargement, attirail embarrassant pour le produire, projection insuffisante; tels ont été les résultats donnés jusqu'à ce jour par ces sortes d'armes, d'un emploi pratique reconnu complétement impossible.

Le progrès a donc été nul, et il n'est pas aujourd'hui un seul ouvrage de physique ou de mécanique qui ne mentionne exactement la même chose; la description reste toujours la même : c'est l'ancien fusil, celui inventé en 1600, rien de plus.

L'air comprimé est un moteur puissant; il deviendra plus tard, grâce au progrès, l'égal de la vapeur et de l'électricité; il ne coûte rien, puisqu'il existe partout : là se trouve l'élément de sa puissance. Compressible à l'infini, ressort sans pareil, il restitue admirablement le travail dû à sa compression. Dans le problème actuel, tout est là.

C'est donc par une étude approfondie de son application dans les armes portatives que je suis arrivé, après quinze années d'études théoriques, d'expériences pratiques, à changer complétement l'ancien système et à présenter aujourd'hui, à l'appréciation de tout le monde, des armes à air essentiellement nouvelles, complétement en dehors des fusils à vent et résumant pratiquement les meilleurs résultats.

EXAMEN RÉTROSPECTIF

SUR

MES PREMIERS TRAVAUX

Dès 1852, je m'appliquai à résoudre l'aride problème dont la solution n'a été rendue complète qu'en 1866. Procédant comme tous les inventeurs du composé au simple, mes premiers essais furent à peu près infructueux; le champ des recherches était vaste, les combinaisons nombreuses, les frais coûteux, les études théoriques difficiles; l'examen du passé ne m'apprenait rien. Forcément convaincu que tout était à étudier, je me lançai résolûment dans la voie ardue et coûteuse de l'expérimentation; l'ensemble était à étudier, les détails plus encore. De 1852 à 1858, je construisis une série d'appareils d'essais; je vais brièvement en résumer les principaux dispositifs.

Le premier appareil se composait d'un réservoir en tôle renfermant un grand volume d'air et complétement séparé de la pompe de compression; ce réservoir portait, comme système de détente de l'air, un simple robinet à l'extrémité duquel se trouvait directement fixé le canon de projection. L'air se comprimait dans ce réservoir au moyen d'une pompe spéciale complétement indépendante et munie de soupapes intérieures analogues à celles décrites dans les machines de compression.

Cet appareil fonctionnait à très-basse pression, deux et trois atmosphères effectives; la puissance de projection obtenue était relativement faible, quoique résultant de la détente d'un volume considérable d'air débité.

Le grand volume d'air comprimé permettait, en faisant tourner rapidement la clef du robinet sur elle-même et en fixant un réservoir de balles au-dessus d'une de ses entrées, d'obtenir un jet continu de balles; par le fait, ce premier appareil constituait une machine de guerre et non une arme portative.

Le second appareil construit fut considérablement réduit dans ses proportions. J'établis un corps de pompe d'un diamètre intérieur de 2 centimètres et d'une longueur de 30 centimètres; je fixai à l'extrémité de ce corps de pompe le réservoir d'air comprimé en utilisant le même robinet de détente; le résultat obtenu par cet appareil devint considérablement meilleur; j'entrevis alors, ce qui plus tard devint l'objet d'une étude approfondie, l'avantage considérable d'utiliser un petit volume d'air sous une pression élevée.

Le troisième appareil se composait d'un réservoir d'un diamètre intérieur de 5 centimètres sur une longueur de 20 centimètres; je fis plonger le corps de pompe à l'intérieur de ce réservoir et j'utilisai le même robinet de détente ; cette arme devenait portative ; pour en opérer le chargement, on fixait la poignée de la pompe entre les pieds, et prenant entre les mains le canon de projection, d'une longueur de 60 centimètres, on comprimait l'air dans le réservoir par un mouvement alternatif de haut en bas ; après soixante coups donnés sous un effort considérable, le chargement était opéré. La puissance de cette arme était considérable, et, au point de vue des vitesses initiales, j'avais réalisé un véritable progrès; seulement le mécanisme intérieur laissait considérablement à désirer ; les soupapes jouaient mal, se dérangeaient très-facilement; l'arme n'était point d'un emploi pratique.

J'arrivai ainsi en 1858, modifiant sans cesse mes premiers appareils. Ces modifications se résumèrent :

Dans l'emploi de soupapes meilleures, et la création d'un système de détente utilisant l'air comprimé comme ressort de détention.

De 1858 à 1862, je créai dans son ensemble le système admis aujourd'hui ; ce système, au point de vue général, consiste dans la superposition du réservoir d'air renfermant la pompe de compression sur le canon de projection, et dans un système tout spécial de détente fixé à la partie inférieure des appareils superposés, soit, pour me faire comprendre, à la culasse même du canon de projection et à la base inférieure du corps de pompe et du réservoir d'air.

EXPÉRIENCES SUCCESSIVES

SUR

LES ACCESSOIRES CONSTITUTIFS DE MES ARMES.

Pompe de compression.

Réaliser une pompe de compression d'une solidité à toute épreuve, d'un maniement facile et pouvant se réparer très facilement, tel était, système réalisé, le problème à résoudre.

J'étudiai successivement des pistons de toute nature, en chanvre, en acier trempé et poli glissant à frottement doux dans des tubes en cristal, en bois de toutes sortes, en liége, en caoutchouc vulcanisé, en gutta-percha, en cuir embouti, en cercles métalliques élastiques; ces divers essais me donnèrent de bons résultats, mais encore étaient-ils insuffisants; ce ne fut qu'en 1865 que je réalisai une pompe modèle pouvant se réparer très-facilement et d'une durée indéfinie.

Soupapes de retenue d'air.

Obtenir une herméticité complète, une usure presque nulle, un mécanisme d'une extrême simplicité, tels étaient les résultats que devaient remplir ces nouveaux organes. J'établis alors des clapets métalliques de diverses formes, guidés par des ressorts libres, des soupapes en cristal venant s'appuyer sur de minces lames en cuivre rouge. Dans ces divers applications, l'herméticité était complète, mais la seule interposition d'un grain de poussière, atome durci, suffisait pour déterminer une fuite continue du volume d'air comprimé. J'appliquai alors le caoutchouc, dont j'avais pu constater l'entière imperméabilité, et considérant, pour obtenir de bonnes fonctions, que l'air seul devait solliciter le clapet de retenue, je supprimai d'un même coup tout mécanisme de guide et de ressort; le résultat devint excellent. Je complétai enfin le détail par la préparation d'un cuir souple rendu complètement imperméable par la pénétration dans ces pores d'une graisse nouvelle dont je déterminai la composition.

Ce cuir, destiné à l'entière obturation du réservoir d'air comprimé, résume aujourd'hui une application principale dans le mécanisme des armes à air comprimé.

Tout était donc réalisé et j'avais acquis une fois de plus l'entière conviction que l'accessoire est un tout dans sa partie.

Utilisation de l'air comprimé dans les armes portatives.

Quoiqu'il soit possible de concevoir théoriquement le mouvement perpétuel, il faut bien se persuader qu'un travail mécanique quelconque ne peut rendre en effet utile que ce qu'il a coûté à obtenir et rien de plus.

Faites par hypothèse rouler une sphère parfaite sur un plan inversement incliné, elle ne parviendra jamais à remonter plus haut que le point de départ, le travail mécanique étant communiqué par la pesanteur, les chutes restant égales, il ne saurait y avoir qu'une parfaite égalité dans le travail rendu ; les combinaisons mécaniques les plus ingénieuses ne peuvent sortir de cette théorie.

L'air atmosphérique est un ressort parfait, mais il ne saurait restituer un travail plus grand que celui dû à sa compression. Étant donné le travail mécanique nécessaire à la projection d'une balle, il reste à utiliser le moteur de la manière la plus avantageuse possible ; dans le cas présent, ce moteur est l'homme; la puissance de l'air est donc infinie, puisqu'il est possible de tendre à volonté cet admirable ressort, et d'en obtenir des effets d'une puissance égale à celle de la poudre; dans l'application actuelle le travail mécanique développé par l'homme ne coûte rien ; j'ai réduit ce travail à sa plus petite valeur possible, tout en tenant compte des effets à obtenir dans le tir des projectiles.

Connaissant d'avance les effets généraux à obtenir, je devais donc, sans négliger ses effets, réduire le projectile le plus possible afin de ménager le travail mécanique de l'homme Ce premier point établi, il restait à adopter la pression la plus avantageuse pour l'emploi pratique de l'arme et la conservation indéfinie du volume d'air comprimé.

Procédant méthodiquement, j'établis trois appareils d'essais renfermant des volumes d'air différents; ces appareils comprenaient séparément : un réservoir d'air, une pompe de compression et un appareil de détente.

Les expériences devant être faites avec des volumes d'air différents, comprimés sous des pressions variables je pouvais à volonté, par un dispositif spécial, faire varier à l'infini le volume d'air renfermé dans chacun des appareils. Les canons de projection se vissaient à volonté à l'extrémité de l'appareil de détente ; les choses ainsi préparées, je construisis un pendule balistique spécial destiné à mesurer la vitesse initiale des projectiles.

Je calculai alors sous des pressions différentes les équivalents de travail mécanique résultant de données premières et j'arrivai à constater d'une manière exacte et définitive quel était le volume d'air à adopter pour obtenir tel effet, dans telles conditions, et sous quels volume et pression il convenait de l'utiliser.

Le point de départ, pour l'expérimentation de chaque calibre, m'était donné par le travail mécanique de l'homme, produit dans un temps déterminé ; je répétai ces nombreuses expériences en faisant varier tous les éléments constitutifs: le poids de la balle, la longueur du canon de projection, le volume d'air comprimé et la pression.

J'expérimentai sur tous les poids de projectiles, depuis la balle de 100 grammes jusqu'au petit plomb de 1 décigramme, sur le canon de 2 mètres de longueur et sur celui de 2 centimètres; sur des matières de densité différente, plomb, étain, zinc, fer, pierre et terre même; sur toutes les formes de projectiles, sphériques pleins, sphériques creux, coniques pleins et creux, cylindriques, en flèches, etc., etc.

J'expérimentai les volumes d'air variés à l'infini, depuis cinq litres jusqu'à un demi-centimètre cube, sous toutes les pressions possibles, depuis 1 atmosphère jusqu'à 500 atmosphères effectives, et de tous ces essais, de toutes ces expériences, j'ai adopté aujourd'hui les résultats les plus avantageux pour être utilisés convenablement sous tous les rapports.

Je dirai seulement que l'air comprimé peut, sous des pressions de 200 atmosphères seulement, communiquer des vitesses initiales de 450 mètres par seconde, et, sous des pressions moyennes de 50 atmosphères, communiquer des vitesses de 260 mètres par seconde; le problème est donc résolu au point de vue très important des vitesses initiales, et je puis à l'avance, connaissant :

Le temps et l'effort consacré au chargement,

La longueur du canon de projection,

Le poids du projectile,

déterminer aujourd'hui d'une manière positive quelle sera la vitesse initiale obtenue dans ces conditions.

En principe, conséquence des calculs déterminés, je pourrai aujourd'hui établir des armes donnant des résultats semblables dans le tir mais avec des volumes d'air différents, la compression de l'air étant le résultat d'un travail mécanique déterminé à l'avance et utilisé également dans les diverses armes construites.

J'ai conservé le résultat de toutes ces expériences ; elles sont notées avec soin et pourraient servir au besoin à réfuter un grand nombre d'utopies et à établir d'une manière péremptoire l'entière vérité sur cette question.

EXPOSÉ

DES

PRINCIPES SUR LESQUELS REPOSE LE SYSTÈME ACTUEL.

Le système d'armes à air comprimé que j'ai combiné repose sur les principes fondamentaux suivants :

1° Utiliser la longueur même de l'arme et l'appliquer au réservoir et au corps de pompe ;

2° Rendre l'action de l'air comprimé sur le projectile prompte et instantanée; utiliser cette même action comme ressort de détente ;

3° Utiliser d'un seul coup tout le volume d'air comprimé.

Ces principes résument les bases principales de mon système ; ils peuvent être modifiés selon les applications et comme je l'indiquerai plus loin, dans le cours de cet ouvrage.

L'utilisation de la longueur même de l'arme appliquée au réservoir assure les avantages suivants :

Le réservoir d'air comprimé devient semblable à un canon de fusil ordinaire; il ne tient aucune place gênante. Il assure une rigidité complète au canon de projection.

Il est d'une solidité à toute épreuve.

Cette même utilisation de la longueur de l'arme appliquée au corps de pompe donne l'avantage :

De fournir à chaque coup de piston un grand volume d'air;

D'assurer un bon fonctionnement de la pompe en annulant par sa longueur la valeur des espaces nuisibles ;

D'être à l'abri de tout accident, puisque le corps de pompe plonge entièrement dans toute la longueur du réservoir.

Dans les anciennes armes à air comprimé, l'air se comprimait dans la crosse, sorte de réservoir de grand volume construit en tôle de fer; les surfaces soumises à la pression de l'air étant considérables, il en résultait souvent des déchirements de la tôle et des explosions extrêmement dangereuses dans leurs effets. Pour comprimer l'air dans ces vastes réservoirs, on utilisait une pompe séparée de petite longueur et que l'on vissait à la partie inférieure de la crosse. J'ai chargé moi-même ces anciens fusils et ce n'était qu'après quatre à cinq cents coups de piston que j'en opérai le complet chargement. Ces anciennes armes pouvaient avec un travail semblable fournir 12 coups à tirer; la vitesse moyenne du projectile n'excédait pas 80 mètres par seconde; dans mes nouvelles armes, et avec une valeur semblable, je pourrais, conservant la même vitesse initiale et le même projectile, tirer un nombre de coups quatre fois plus considérable.

Dans mes armes actuelles, le réservoir se résume dans un canon de fusil d'une longueur de 20 à 80 centimètres; le moment de rupture d'un canon de ce genre serait donné par une pression intérieure de 2,000 atmosphères; je n'utilise moyennement dans mes armes qu'une pression variable de 20 à 50 atmosphères; le rapport de rupture à la charge totale est donc de 20, coëfficient très-rassurant; dans les anciens fusils à air fabriqués dans les meilleures conditions possibles, ce rapport n'excède pas, au maximum, le rapport 2, et dans les armes à poudre, il ne dépasse pas 6; j'assure donc une solidité à toute épreuve. Ces réservoirs sont très-légers et d'une fabrication semblable à celle des fusils à poudre.

Ce nouveau réservoir ne tient aucune place embarrassante, puisqu'il utilise la longueur de l'arme; joint intimement au canon de projection, il assure une complète rigidité dans le tir et le maniement de l'arme.

L'utilisation de la longueur du réservoir pour la pompe de compression assure les meilleures fonctions dans la compression de l'air; les espaces nuisibles deviennent presque nuls, les chemins parcourus sont utilement employés et résument une colonne d'air considérable, dont l'introduction dans un réservoir de petit volume assure un chargement extrêmement rapide et avantageux sous tous rapports.

De ce dispositif général résulte, en outre, un important avantage. Le corps de pompe est en cuivre ; j'ai calculé son épaisseur de telle sorte qu'en admettant, par hypothèse, qu'un homme puisse comprimer indéfiniment l'air, il arriverait ceci :

La résistance du corps de pompe étant à dessein moins grande que celle du réservoir, l'air comprimé se logeant dans l'espace concentrique agit sur le réservoir par extension et sur le corps de pompe par compression. La résistance de ce tube étant moins grande que celle du réservoir, le seul accident qui pourrait se produire, en admettant, chose impossible, qu'un homme puisse exercer un effort de 1,000 kilog. sur la baguette de compression, serait de faire aplatir le corps de pompe, et cela sans aucun danger, l'air comprimé agissant sur toute sa surface par compression, et non par extension.

Il est donc évident que les explosions ne peuvent exister dans mes armes, et si l'on pouvait connaître le chiffre exact de malheureux, tués ou blessés par l'explosion des anciens fusils à air et des armes à poudre, chacun pourrait apprécier, au seul point de vue de l'humanité, l'immense avantage que je viens de signaler.

Le principe de rendre l'action de l'air comprimé prompte et instantanée et d'utiliser cette même action comme ressort de détente fournit les avantages suivants :

Etant donné un volume d'air comprimé sous une pression quelconque, le principe d'une bonne utilisation réside dans l'instantanéité de son action sur le projectile; l'air doit s'échapper rapidement et à pleine section. Je suppose, pour me faire bien comprendre, que l'on détermine lentement l'introduction de l'air comprimé dans un canon de projection, qu'arrivera-t-il? L'air, s'échappant par une petite section, ne produira sur le projectile qu'une pression infiniment moins grande que celle qu'il exercerait sans étranglement de section ; en d'autres termes, les vitesses seront proportionnelles à l'écoulement de l'air. Il importe donc d'utiliser l'air à pleine section et d'une manière immédiate sur le projectile.

Pour arriver pratiquement à la meilleure utilisation du volume d'air, et intimement convaincu qu'aucun ressort métallique ou autre ne pouvait se lancer aussi vite et aussi énergiquement que l'air comprimé, j'ai, dans mes nouvelles armes, fait agir directement la pression de l'air sur la soupape de détente, réalisant d'un même coup trois avantages importants, à savoir :

Une bonne utilisation de l'air comprimé ;

La suppression de tout mécanisme de détente ;

L'infaillibilité dans les fonctions du travail accumulé.

Le principe d'utiliser en un seul coup tout le volume d'air comprimé, procure les avantages suivants :

La puissance de projection est toujours égale dans ses effets ; le tireur peut, à son gré, l'augmenter ou la diminuer, selon le tir qu'il veut obtenir. Le bruit produit par la détente de l'air devient très-intense et surtout bien caractérisé; ce bruit peut s'entendre à une distance aussi grande que la portée utile du projectile, avantage considérable réalisé sur les anciennes armes, dans lesquelles l'air comprimé ne s'échappait du réservoir que par fractions minimes, à de basses pressions, ne faisant aucun bruit et ne produisant qu'un souffle sans intensité. Ce résultat avait fait désigner ces sortes d'armes sous le nom de fusils à vent.

Dans mes nouvelles armes, au contraire, le bruit est bien marqué; ce bruit est le résultat de tout le volume d'air détendu sous une haute pression; il reste toujours égal et moyennement plus puissant que celui produit dans toutes les armes dont le fulminate est la base.

L'utilisation de tout le volume d'air comprimé assure un chargement rapide, une précision merveilleuse dans le tir et la meilleure utilisation du travail accumulé.

En résumé, l'application des principes énoncés constitue un ensemble essentiellement nouveau; c'est donc par l'application de ces principes, par la combinaison d'un mécanisme simplifié et l'emploi raisonné de subs tances nouvelles, que je suis arrivé à créer aujourd'hui des armes d'un emploi pratique, réalisant sur celles connues jusqu'à ce jour, armes à poudre ou autres, d'incontestables avantages dans les nombreuses applications qui en sont et seront faites.

EXPOSÉ SOMMAIRE

DES PRINCIPES MODIFIÉS

CONSTITUANT DES ARMES DE DIFFÉRENTS TYPES.

J'ai modifié de plusieurs manières l'application des principes que je viens de décrire. Ces modifications, tout en constituant des armes spéciales, reposent par le fait sur les mêmes bases et sont l'objet exclusif de mes travaux. Je vais les indiquer brièvement, faisant surtout bien comprendre qu'elles résument en principe les mêmes applications, qu'elles ne sont en un mot que des variantes modifiées sur un système général renfermant tous les éléments du possible et de l'emploi pratique, dans l'utilisation de l'air comprimé dans toutes les armes portatives.

Ces divers dispositifs peuvent se ramener aux suivants :

Utilisation de la longueur de l'arme pour la pompe

et le réservoir, ce dernier étant rapporté à l'extrémité du corps de pompe.

Non utilisation de la longueur de l'arme pour le corps de pompe et le réservoir, ces organes placés dans la crosse de la même manière, c'est-à-dire le réservoir se composant d'un canon de fusil avec le corps de pompe placé à l'intérieur, ou même encore du premier dispositif déjà indiqué.

D'un réservoir portant l'appareil de détente et le canon de projection, avec pompe séparée se vissant à volonté.

D'une pompe de compression superposée sur toute la longueur du canon de projection, avec réservoir et appareil de détente se vissant à son extrémité.

De l'ancien fusil à air comprimé avec toutes mes nouvelles modifications comprenant les perfectionnements de détail, tels que soupapes simplifiées, nouvelle pompe de compression, cuirs préparés, graisse spéciale, système de détente simplifié, etc., etc.

De toutes armes à plusieurs coups avec utilisation de plusieurs réservoirs séparés ou d'un même volume d'air partagé également par un système spécial de soupapes intérieures.

De l'utilisation de la longueur de l'arme pour réservoir, corps de pompe, système de détente et canon de projection, ces divers organes placés au bout les uns des autres.

Enfin, comprenant l'objet de mes travaux pour armes de toutes formes et de toutes dimensions.

Pour compression instantanée d'un volume d'air réduit en une seule compression et résumant, en dehors de ce que je viens d'énoncer, une arme spéciale que je nomme arme à compression non multiple.

En résumé, j'ai expérimenté tous ces dispositifs, ils utilisent partiellement ou complétement les principes déjà énoncés et restent toujours, dans les applications diverses et spéciales qui pourraient en être faites, le résultat de mes expériences et de mes calculs théoriques.

DESCRIPTION SOMMAIRE

DES

BREVETS D'INVENTION ET DE PERFECTIONNEMENT.

SYSTÈME PRÉFÉRABLEMENT ADOPTÉ.

Armes à compression multiple.

Je désigne sous le nom d'armes à compression multiple, celles dans lesquelles le volume d'air renfermé dans le corps de pompe est introduit plusieurs fois dans le réservoir; ces armes se composent d'un réservoir formé d'un canon épais en fer forgé; ce canon est intimement relié au canon de projection et forme avec lui un tout parfaitement rigide.

A la partie inférieure du réservoir et du canon de projection se trouve placé l'appareil de détente. Il se compose d'une boîte métallique divisée en deux parties; la première partie est intimement reliée au réservoir et au canon de projection; la seconde partie, formant la queue de bascule, porte le piston-soupape, le chien d'armement et la détente.

Ces deux parties sont intimement reliées entre elles par deux fortes vis placées longitudinalement contre la queue de bascule. Pour opérer l'armement, il suffit d'appuyer sur le chien ; ce dernier force la soupape-piston à pénétrer dans le réservoir et à déterminer la complète obturation de l'air. J'expliquerai plus loin les principes sur lesquels repose cette entière obturation. Au moment de la compression, l'air agit directement sur cette soupape ; il suffit alors d'appuyer sur la détente pour que la soupape-piston, sollicitée violemment par la pression de l'air, s'ouvre énergiquement et permette à l'air comprimé de passer par un canal intérieur du réservoir dans le canon de projection.

Ce mécanisme, extrêmement simple, n'est sujet à aucun dérangement ; il utilise entièrement les principes énoncés et la meilleure utilisation possible du volume d'air comprimé.

L'introduction du projectile se fait à la base inférieure du canon de projection par un robinet à trois entrées. Ce robinet résume un chargement très-rapide, très-commode et un système de sûreté des plus avantageux.

Le corps de pompe est fixé à vis à la partie supérieure du canon-réservoir, qu'il occupe dans toute sa longueur ; l'espace concentrique résultant de la différence des deux diamètres constitue le volume d'air à comprimer.

La pompe de compression est à l'abri de tout choc ;

le corps de pompe porte à sa partie inférieure des petites gorges, sortes de rainures destinées à annuler complétement les espaces nuisibles; cette pompe n'est sujette à aucun dérangement. Le piston compresseur, objet d'une étude approfondie, remplit à la fois les triples fonctions, de piston d'abord, de soupape et de rentrée d'air. Ce piston peut fournir 50,000 coups sans s'altérer d'une manière sensible, il peut être remplacé très-facilement et ne coûte que quelques centimes.

La soupape de retenue d'air, placée à l'extrémité inférieure du corps de pompe et plongeant dans le réservoir, agit directement, sans mécanisme ni ressort, et par la seule action complexe de l'air comprimé; sa durée est infinie et son fonctionnement infaillible.

Le mécanisme général constituant l'arme en blanc est fixé sur le bois de fusil ou de pistolet à l'aide de deux fortes vis; la crosse n'est nullement altérée et conserve son entière solidité; toutes formes extérieures, plaque de couche, sous-garde, restent identiques aux formes les plus élégantes adoptées actuellement dans les armes à poudre.

Le chargement de l'arme s'opère de la manière la plus simple et la plus commode : il suffit de donner avec la paume de la main quelques coups de baguette pour opérer très-rapidement le chargement de l'arme.

Tel est, en très-court résumé, le mécanisme général des armes à compression multiple exploitées actuellement. Les brevets indiquent en détail ce que j'ai déjà fait connaître sommairement; ils résument, en outre, toutes les applications possibles de ces nouvelles armes.

Armes à compression non multiple.

Je désigne sous le nom d'armes à compression non multiple, celles dans lesquelles le volume d'air du corps de pompe est seulement utilisé pour le chargement de l'arme.

En outre des principes déjà énoncés, je fais reposer ces armes sur les principes secondaires suivants :

1° Compression non multiple d'un volume d'air déterminé ;

2° Utilisation unique de ce volume d'air sous n'importe quelle pression ;

3° Compression indéfinie du volume d'air déterminé ;

4° Utilisation d'un seul canon de même longueur que le canon de projection employé pour le corps de pompe et le réservoir d'air ;

5° Compression instantanée résultant de l'application d'un effort direct en un seul mouvement continu.

Les principes ci-dessus énoncés résument les avantages suivants :

1° Comprimer très-rapidement le volume d'air nécessaire à la projection de la balle.

2° Pouvoir comprimer l'air sous n'importe quelle pression en faisant varier, d'une part, le rapport du volume, d'autre part, les surfaces soumises à un effort direct et déterminé, ce principe assurant l'avantage d'une puissance de projection voulue, non variable et ne pouvant se modifier dans sa valeur déterminée.

3° Utiliser les avantages inhérents au travail de détente d'un volume d'air fortement comprimé.

4° Assurer une fabrication extrêmement simple, très-bon marché et présentant sous tous rapports les meilleures garanties de solidité.

5° Créer un travail mécanique suffisant, utilisé dans les meilleures conditions possibles pour lancer le projectile.

Ces principes complètent ceux déjà énoncés et que ces sortes d'armes utilisent entièrement.

L'agencement du mécanisme reste le même, sauf le réservoir, qui est supprimé et dont le corps de pompe fait office.

La pompe de compression a la même longueur que le canon de projection sous lequel elle se trouve fixée. Le piston compresseur ne se meut pas dans toute la longueur du corps de pompe, et c'est l'espace dans lequel il ne fonctionne pas qui constitue le réservoir d'air à disposer.

La compression de l'air s'opère par un mouvement de haut en bas et à l'aide d'un piston semblable à celui utilisé dans les armes à compression multiple.

Le volume d'air réduit du corps de pompe agissant directement sur le piston, et toutes soupapes étant supprimées, un système d'encliquetage maintient la tige du piston ou baguette de chargement dans la position déterminée.

L'appareil de détente, le robinet de chargement et toutes autres parties constitutives de l'arme restent identiques à celles décrites et utilisées dans les armes à compression multiple.

Les armes à compression non multiple ne peuvent avoir, en raison du très-petit volume d'air comprimé, résultat d'un travail mécanique obtenu en une seconde, que des utilisations n'exigeant pas une force considérable ; j'indiquerai du reste les applications dans lesquelles elles peuvent être empolyées avec de grands avantages.

COMPRESSION INDÉFINIE

DE

L'AIR ATMOSPHÉRIQUE

Piston compresseur

CONSERVATION COMPLÈTE ET INDÉFINIE DU VOLUME D'AIR COMPRIMÉ, OBTURATION DU RÉSERVOIR, PRINCIPES FONDAMENTAUX.

En dehors de l'emploi pratique de l'air comprimé, utilisé dans mes armes sous des pressions de 10 à 50 atmosphères effectives, j'ai réalisé, au point de vue de l'étude complète du travail de la détente, la compression indéfinie d'un volume d'air déterminé ; c'est ainsi que je suis arrivé à comprimer directement de l'air sous des pressions de 500 atmosphères et à l'utiliser sur des projectiles; dans ces conditions, le travail rendu est excellent; mais, au point de vue pratique, une semblable pression offre des inconvénients que ne compensent pas suffi samment les résultats obtenus. Sous ces pressions énormes, l'air comprimé s'infiltre à travers le métal même, et, pour le conserver indéfiniment, il faut avoir recours à des enduits spéciaux, trop coûteux pour être appliqués dans des armes d'un emploi pratique.

Néanmoins, je suis arrivé, par l'utilisation d'un nouveau piston compresseur, d'un obturateur spécial, par l'emploi de réservoirs spéciaux, à conserver pendant des mois un volume d'air de un centimètre cube seulement comprimé à la pression considérable de 500 atmosphères.

J'utilise, pour le piston compresseur et l'obturateur du réservoir, un cuir très-souple, rendu complétement imperméable à l'aide d'une graisse spéciale.

L'imperméabilisation des cuirs étant dans mes armes un des meilleurs résultats obtenus, ce travail ayant été l'objet de longues expériences, j'en ai, dans mes brevets, revendiqué le procédé et le principe d'application spéciale, comme ma propriété exclusive.

J'ai résumé ce principe de la manière suivante :

Connaissant la pression maximum du volume d'air à conserver, déterminer, par imbibition dans la substance textile, une action moléculaire suffisante pour vaincre entièrement l'infiltration de l'air.

En dehors de cette imperméabilisation, le système d'obturation complète de l'air repose sur le principe suivant, principe que j'ai déterminé et qui assure, d'une part, l'avantage très-important d'obtenir la compression indéfinie de l'air, et, de l'autre, celui non moins important de la conservation complète du volume comprimé. Je résume ce principe :

Les surfaces directes soumises à la pression de l'air doivent être plus grandes que les surfaces latérales soumises à la même pression.

APPLICATIONS DIVERSES.

ARMES DE SALON, DE PRÉCISION ET DE CHASSE.

Examen comparatif de ces nouvelles armes avec celles à poudre et à fulminate.

En principe, le système adopté et exploité aujourd'hui est applicable à toutes les armes en usage de nos jours : ces applications générales résument, à divers titres, d'importants avantages ; je vais préciser particulièrement celles dont un emploi pratique est venu sanctionner hautement la valeur, ne faisant qu'indiquer les autres applications spéciales qui pourraient en être faites, laissant à l'emploi pratique, à l'expérience et à la haute compétence des gens spéciaux le soin d'en déterminer la valeur.

Les applications actuelles se résument aux suivantes :

1° Aux armes de salon ;

2° Aux armes de tir et de précision, de défense ou de chasse.

L'application du système actuel aux armes de salon présente sous tous les rapports d'incontestables avantages :

Suppression du nettoyage, entretien presque nul, point d'éclat de capsule, point de crachement de feu à redouter, puissance de projection égale à celle de la poudre et toujours la même dans ses effets, chargement commode et rapide, à plomb ou à balle; on peut tirer six coups par minute ; légèreté extrême dans le maniement de l'arme, forme extrêmement légère et gracieuse ; tir économique de la plus grande précision, variable à volonté en raison de la longueur du tir et toujours égal dans ses effets; détonation marquée toujours égale dans son intensité et susceptible d'être entendue à une distance plus grande que la portée de la balle.

Tels sont, en très-court résumé, les avantages donnés par ces nouvelles armes, avantages que sont loin d'offrir les anciennes armes à poudre et à fulminate; ainsi, dans ces dernières, le nettoyage, après quelques coups tirés, devient nécessaire, nettoyage minutieux que le tireur ne peut se dispenser de faire ; danger considérable résultant des éclats de capsules et des crachements de feu; tir incertain, ne pouvant se varier, se produisant fort souvent sans bruit et tenant à la nature et au chargement irrégulier du fulminate dans les capsules métalliques; odeur désagréable, fumée corrosive altérant les objets d'art et les dorures; difficulté dans le chargement, résidant dans l'extrême dureté du chien d'armement et la ténacité des amorces dans la culasse ; réparations fréquentes, tir extrêmement coûteux, et, dans un rapport, au moins trois fois plus considérable que celui des armes à air comprimé.

Cet examen comparatif fait vivement apprécier la supériorité incontestable de l'emploi de l'air comprimé dans toutes les armes actuelles de salon.

L'application de mon système aux armes de tir ou de précision, de défense et de chasse, résume dans ces applications multiples les avantages les plus importants.

L'utilisation du volume total d'air comprimé assure une projection puissante toujours égale dans ses effets ; le coup est infaillible, puisque l'air lui-même remplit les doubles fonctions de ressort de détente et de moyen de projection.

Le tir est toujours également puissant; le volume d'air comprimé représentant la charge acquise ne peut, sous aucune influence extérieure, s'altérer d'aucune manière ; les temps pluvieux, d'épais brouillards, les froids excessifs, les chaleurs torrides ne modifient nullement son action d'une manière appréciable dans le tir ; le chasseur est toujours assuré de pouvoir utilement se défendre, et, quant au fonctionnement de son arme, de ne jamais manquer le gibier.

Les explosions ne sont plus à redouter, l'encrassement n'est plus possible, et tant d'accidents désastreux arrivés avec les armes à poudre sont maintenant désormais impossibles.

Le tir revient extrêmement bon marché : l'emploi

de la balle conique portant sa rayure offre, avec l'emploi de l'air comprimé, un tir si parfait, qu'un habile tireur peut régler son arme avec une précision que la poudre ne saurait donner, en raison de sa composition variable, de l'encrassement qu'elle occasionne et de l'influence considérable de l'atmosphère sur ses éléments constitutifs.

Si l'on considère maintenant les immenses avantages d'une arme de ce genre, utilisée dans les pays éloignés, dans les chasses spéciales d'animaux à riche fourrure et autres, on reste convaincu que, sans déprécier à plaisir les armes à poudre actuelles, ces nouvelles armes à air comprimé sont appelées à rendre d'importants services, que ne sauraient rendre d'une manière aussi avantageuse les armes exploitées jusqu'à ce jour.

APPLICATION

DES

ARMES A COMPRESSION MULTIPLE

DANS L'EXERCICE PRÉPARATOIRE DU TIR DANS L'ARMÉE.

APERÇU

Sur l'utilisation des armes à compression multiple dans les armes de guerre.

Je considère qu'au point de vue très-important de l'exercice préparatoire du tir dans l'armée, mes armes à compression non multiple pourraient recevoir d'importantes applications.

Les avantages qui en résulteraient seraient les suivants :

Tir de précision ne coûtant rien ;

Exercices multipliés du tir des soldats sur les cibles;

Suppression du nettoyage :

Chargement très-rapide, étant l'objet d'un seul coup

de baguette, ce qui permettrait de tirer jusqu'à quinze coups par minute;

Emploi d'une seule arme par peloton de vingt hommes; prix de revient extrêmement bon marché;

Maniement facile ; il serait fait par un caporal, et pour les hommes exercés, le tir resterait semblable à celui des armes à poudre.

Tels sont, je crois, en très-court résumé, les avantages qui pourraient résulter de cette application; les hommes spéciaux dans l'art militaire en apprécieront la valeur.

Quant à l'application des armes à compression multiple aux armes de guerre, je crois qu'elle sera possible dans quelques cas spéciaux, comme le seraient: le travail des mineurs, les attaques de nuit sous des pluies torrentielles, le passage des rivières, la défense des défilés, la surprise des places fortes, etc., etc.

Que l'on veuille bien considérer que j'obtiens dans des armes d'un emploi très-pratique des vitesses initiales de 250 mètres par seconde.

La guerre étant une conséquence de la nature même de l'homme, chacun doit chercher à la rendre la moins longue et la moins désastreuse possible; c'est en utilisant l'air comprimé dans les cas spéciaux que je viens d'énoncer qu'il y aurait tout à la fois humanité et résultat obtenu.

PROJECTILES ADOPTÉS.

Balles sphériques, cylindriques, coniques, cartouches à plomb.

J'utilise des projectiles spéciaux assurant les meilleures conditions dans le tir de précision et l'emploi de l'air comprimé.

Les balles sphériques sont rendues parfaitement rondes par un système spécial de fabrication qui permet de les livrer à très-bon marché. La balle ainsi rendue parfaitement sphérique glisse à frottement très-doux dans le canon de projection bien calibré, l'encrassement n'étant plus possible et les balles parfaitement rondes, le tir devient d'une merveilleuse précision.

J'ai groupé cinquante balles de $0^{m},006$ de diamètre, les unes sur les autres, à une distance de 20 mètres et dans un cercle de $0^{m},015$ de diamètre ; les balles cylindro-coniques elles-mêmes lancées par le fulminate ou la poudre dans des canons rayés ne donnent pas à beaucoup près un semblable résultat.

Le tir des balles sphériques lancées dans des canons lisses est donc dans mes armes de la plus rigoureuse précision.

Quant à l'emploi de la balle cylindro-conique, j'ai adopté une balle pleine portant ses rayures; j'obtiens à 100 mètres un résultat analogue à celui obtenu avec les balles rondes.

Quant aux cartouches à plomb je suis arrivé à les établir à très-bon marché; elles donnent les meilleurs effets dans le tir: le plomb pénètre à 50 mètres dans des planches en bois et se groupe de la manière la plus heureuse.

Les cartouches préparées et livrées en boîtes s'introduisent une par une et sur n'importe quel côté du cylindre dans le robinet de chargement; c'est un avantage pour le tireur de pouvoir placer la cartouche sur n'importe quel sens, l'effet semblable se produisant également des deux côtés.

Tels sont les projectiles adoptés; ils résument les meilleurs avantages, tant sous le rapport de l'extrême bon marché que sous celui des résultats obtenus. Les balles et cartouches spéciales sont vendues en boîtes préparées et contrôlées.

Je mentionne également l'étude complète d'autres projectiles, tels que :

Balles creuses, explosives, forcées, balles-flèches et flèches proprement dites.

ENTRETIEN DES ARMES.

Toutes les armes fabriquées ne sont livrées au commerce qu'après l'épreuve d'une vérification complète, d'un fonctionnement parfait et d'une solidité éprouvée. L'entretien de l'arme est insignifiant; il se résume, après quelques milliers de coups tirés, dans le renouvellement du cuir de la pompe et de la platine.

Ces cuirs sont vendus en boîtes préparées; chaque cuir ne coûtant que quelques centimes, l'entretien de l'arme est pour ainsi dire nul : un cuir de pompe ou de platine pouvant fournir au minimum cinq mille coups à tirer, représente moyennement une arme réglée pour deux années.

Pour placer ces cuirs, il suffit, pour celui de la pompe, de dévisser le guide-baguette à l'aide d'une petite clef spéciale vendue à cet effet, de retirer la tige du piston et de remplacer l'ancien cuir par un nouveau, en ayant soin de tourner le poil du cuir sur la surface supérieure du guide métallique et de visser fortement le petit écrou.

Pour le cuir de la platine, le bois de l'arme étant retiré, il suffit de retirer les deux vis reliant la queue de bascule au réservoir et de placer le nouveau cuir sur le piston-soupape de la même manière que l'ancien s'y trouvait placé.

Pour remonter la platine, avoir le soin d'enfoncer le piston-soupape au fond de son guide, d'enduire légèrement le cuir et les deux parties de la boîte de la graine spéciale vendue à cet effet en boîtes préparées et contrôlées, et de serrer fortement les deux vis.

En dehors de cet entretien si facile, si rare et si peu coûteux, tout dérangement anormal dans les fonctions de l'arme, résultant d'une rupture quelconque, doit être réparé par MM. les armuriers, dont c'est, du reste, la spécialité pour toutes armes.

Les cuirs pour pompes et platines sont vendus en boîtes préparées et contrôlées ; chaque boîte renferme douze cuirs.

EMPLOI DE L'ARME.

Les dessins 1, 2, 3 et 4 représentés à la page en regard de ce texte indiquent l'emploi de l'arme ; il suffit de suivre la légende explicative.

On arme le chien A en l'abaissant sur la queue de bascule, ce qui fait fermer l'orifice du réservoir d'air; on doit, comme dans les armes à poudre, entendre résonner l'armement; on donne au moyen de la baguette B le nombre de coups de pompe utiles à l'effet que l'on veut obtenir (pour le tir ordinaire des armes de salon, il faut six coups de pompe; pour les armes de précision, huit coups).

On peut doubler, tripler la charge, utiliser toute sa force, si on le désire, sans **aucun danger d'explosion.**

On introduit la balle ou la cartouche dans le canon de projection, en C, et l'on tire comme si l'on avait à faire à une arme à poudre ordinaire ; le robinet de chargement constitue en même temps une admirable sûreté pour le tireur, et aucun accident ne peut désormais se produire.

Pour décharger l'arme sans tirer, il faut ouvrir le robinet, c'est-à-dire intercepter le passage de l'air dans l'étendue du canon de projection et faire agir la détente ; l'air étant chassé par la culasse, on n'a qu'à retirer la balle du canon.

Les armes mises en exploitation fonctionnent toutes de la même manière.

Carabine de tir ou de précision.

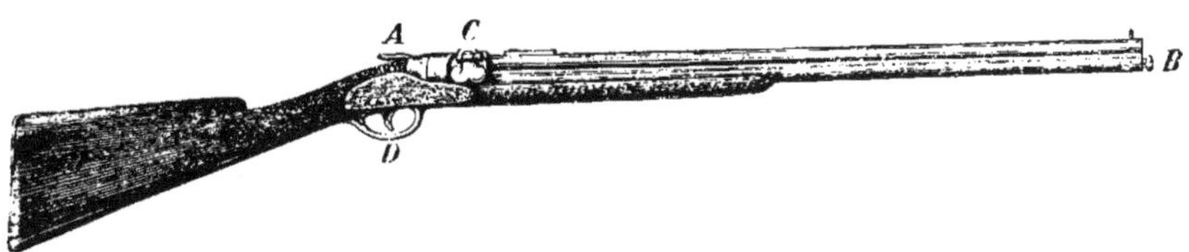

Carabine de salon.

Pistolet de salon et de tir.

Pistolet de salon (petit modèle).

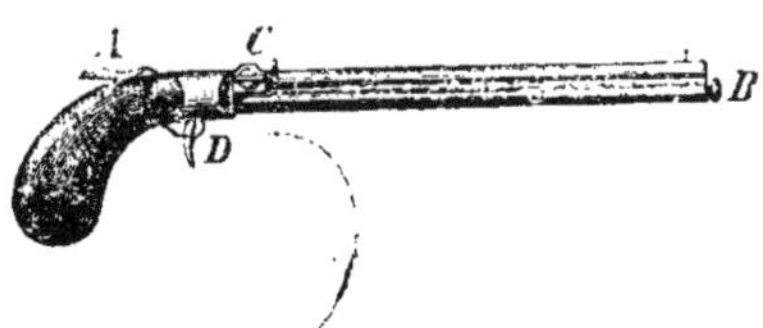

LÉGENDE EXPLICATIVE.

A. Chien d'armement.
B. Baguette d'armement.
C. Robinet de chargement.
D. Détente.

EXPLOITATION ACTUELLE.

Le siége de l'exploitation centrale est à Liége, en Belgique; cette exploitation comprend les armes de divers types et les munitions et accessoires de ces armes.

Les expéditions sont faites sur commandes par MM. les arquebusiers et fabricants d'armes de Liége.

CONCLUSION.

Je viens de résumer, le plus brièvement qu'il m'a été possible et pour me faire comprendre de tout le monde, l'ensemble de mes travaux sur l'application de l'air comprimé dans les armes portatives. Je ferai connaître plus tard et dans un ouvrage complet tout ce qui a rapport à cette importante question, tant au point de vue de l'historique complet des armes de ce genre, que sous celui de mes premiers essais de fabrication et du développement de l'exploitation actuelle; le progrès ne marche pas sans la vérité.

J'ose donc espérer que cette question, restée nulle jusqu'à ce jour, en raison des mauvaises fonctions des appareils produits, deviendra l'objet de l'attention générale de tous les hommes d'initiative et de progrès. Je le repète donc, je crois avoir réalisé une véritable invention en créant une arme nouvelle sous tous les rapports, d'un emploi essentiellement pratique, n'offrant aucun danger, telle qu'elle doit être, en un mot, pour que son usage devienne universel.

Juillet, 1867.

PAUL GIFFARD,

INGÉNIEUR CIVIL,

18, rue de la Pépinière, à Paris.

TABLE DES MATIÈRES.

IMPRIMERIE CENTRALE DES CHEMINS DE FER — A. CHAIX ET Cie, RUE BERGÈRE, 20, A PARIS. — 7570.

www.ingramcontent.com/pod-product-compliance
Ingram Content Group UK Ltd.
Pitfield, Milton Keynes, MK11 3LW, UK
UKHW021816190726
13853UKWH00003B/1021